製霧實驗

把熱水加入容器後，蓋上蓋子，再在上面放置冰塊和鹽。

實驗原理

熱水在容器內產生水蒸氣。而冰塊則會冷卻水蒸氣，讓空氣中的濕度達致飽和，水蒸氣因而凝結成懸浮在空中的小水滴。當這些小水滴的數量逐漸增加，就會阻擋大部分光線通過容器，令容器內的能見度降低，形成白矇矇的霧。

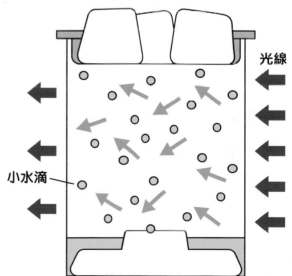

光線

小水滴

一段時間後，就能看到霧！

為何要在冰上加鹽？

是為了配合冰塊來降溫。

冰鹽降溫原理

一般來說，冰融解時會吸收附近的熱量，形成 0℃ 的水。而鹽溶於水時，會吸取水中的熱量。故此當鹽被加到冰上，兩者溶化時同時吸熱，使容器頂部的溫度進一步下降。

不過大自然的霧就不是以鹽來降溫。

霧的形成

　　大自然的霧同樣因溫度下降令水氣凝結而成。按氣溫降低的不同原因，可分成三種：輻射霧、上坡霧和平流霧。

輻射霧

　　晚上，地面會把白天吸收的太陽熱力，以紅外線形式釋放回太空，此稱為輻射，而其散熱過程則稱作輻射冷卻。地面溫度因而下降，使近地面的水蒸氣凝結，形成輻射霧。

　　這種霧多出現於無雲及風勢微弱的晚上，日出後便隨陽光照射而逐漸消失。

輻射？

輻射霧與核輻射無關啊！

▲若天空多雲，便會把熱力反射回地面，令氣溫下降不顯著。若風勢強勁，則會使上下層空氣迅速混合，使氣溫的波動不大，以致無法產生輻射霧。

那要怎樣從霧中取水？

用這個！

捕霧網

　　捕霧網是個雙層多孔的塑膠網。當風吹動霧氣，使其穿過網時，霧氣便會黏在網線上，聚集成水珠，流向網下方的儲水裝置。

上坡霧

這種霧只出現於山中。當氣流把空氣吹向山坡，使其沿山坡向上爬升。位置越高，溫度越低，水氣在山腳至山腰位置形成上坡霧。

峨眉山的霧就是典型的上坡霧。

峨眉山相："峨眉山风景区 Mount Emei Scenic Area 07" by George N / CC-BY-2.0 https://commons.wikimedia.org/w/index.php?curid=116441020

平流霧

這種霧多出現在湖泊、海洋等水面上。當較溫暖潮濕的氣流以水平方向吹向較冷的地面或水面時，水氣便會被冷卻，形成平流霧，亦稱海霧。

優點

捕霧網不但設計簡單，成本便宜，還成效顯著。秘魯南部濕度高，卻降雨量低，單單利用一張 20 平方米的捕霧網，便可在一天內取得 200 - 400 公升的水，有效解決食水不足的問題。

缺點

捕霧網受地理和環境限制，只能用於大霧地區，而且收集到的食水也可能被空氣中的塵埃和細菌污染，須另外過濾。

兒科村附近不常有霧…

不要緊！我們還可試試人工增雨！

模擬降雨實驗

先把棉花鋪在蓋子上，然後用滴管把水滴到棉花上。待棉花不能再吸更多水時，便會下雨！

雲和霧很像呢，它們有何分別？

霧是貼近地面，雲則在天空，兩者的形成原因都很相似。

雲的形成

在地面受陽光照射，空氣中的水蒸氣受熱上升，到達寒冷的高空時就凝結成細小的水分子。當這些水分子附在灰塵等顆粒（亦稱凝結核）時，就會形成較大的液態雲滴。隨着雲滴增加，雲便逐漸形成。

水分子　　凝結核

上升氣流

懸浮的雲與降雨

雲滴非常輕盈，受上升氣流托住而懸浮在空中。當雲滴互相碰撞融合，其重量大於上升氣流的阻力時，便會降下，成為肉眼所見的雨水。

* 模擬降雨實驗的原理亦是如此，當模擬雲朵的棉花吸收水分太多，水滴就會落下。

我準備好了，開始求雨吧！

人工增雨不是這樣做的。

人工增雨（Cloud Seeding）

那是通過增加雲的凝結核，使雲滴變得更大和更重，從而降雨。常見有兩種方式：
① 直接噴灑碘化銀、鹽粉等化學物質到雲中以成為凝結核；
② 噴灑乾冰去降低雲層溫度，促進雲滴凝結、形成冰晶以變成凝結核。

這些方法能增加約 10-20% 的雨水。

噴灑方法大致分為三種呢！

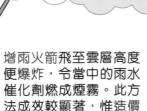

增雨火箭飛至雲層高度便爆炸，令當中的雨水催化劑燃成煙霧。此方法成效較顯著，惟造價昂貴。

人工增雨飛機飛到雲層噴灑雨水催化劑，觸及範圍較大及全面。

地面造雨器透過燃燒碘化銀溶液，使其隨熱氣飄升至雲層。此法成本便宜，惟受風向、雲的移動影響，效果一般。

優點
- 直接解決乾旱地區食水不足的問題。
- 由於人工的雲凝結核會與冰雹爭奪水分，削弱冰雹生長和落下，能減輕人命和農作物的損失。

缺點
- 造價昂貴，每次任務須花費數百萬元，但效能未必高。
- 它只是增加降雨，不能憑空造雨，無法消滅乾旱。
- 牽連甚廣，一地增雨可能令另一地無法下雨。

酸鹼值（pH 值）

我的人工增雨雨水符合 pH 值要求，不會形成酸雨。

pH 值？

那是水溶性液體對酸鹼的測量標度。pH 值以數字 0 到 14 標示，若該液體的酸鹼值是 0-6，即屬酸性；若是 7，就是中性；若是 8-14，則是鹼性。

* 本教材只提供酸鹼範圍 4-9 的酸鹼值列表。

酸鹼測試實驗

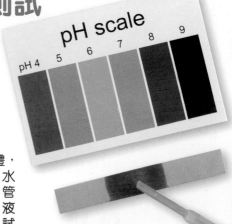

收集各種液體，如雨水、海水等，再用滴管把其中一種液體滴進酸鹼試紙。

然後，把顏色轉變的部分對照酸鹼度列表，查看其酸鹼值。

欲知完整的酸鹼度列表，可參閱第 209 期「地球揭秘」。

這嘗起來不酸啊。

酸雨

因其 pH 值可能高於 4.5，超出了味覺能辨識的範圍。

酸雨

　　由於空氣中的二氧化碳會溶於雨水，所以雨水屬弱酸性。而酸雨則是指酸鹼值低於 5.6 的雨水，單憑味覺未必能分辨到兩者。

　　當一些化合物如工廠廢氣中的二氧化硫、汽車廢氣中的氮氧化物、火山噴出的硫化氫等，與空氣中的氧混合，便產生硫酸和硝酸。一旦與雨水混合，就會形成酸雨。

酸雨的影響

▲當土壤中的金屬元素接觸到酸雨便變得可溶，這樣使礦物質如鈣和鎂等流失，植物及農作物因而缺少養分。另外，有害重金屬如汞、鎘等更易被植物吸收，不利植物生長。

▲酸雨連同土壤中的金屬元素流進湖泊，令水酸化，也影響湖泊生態，毒害魚類，如魚卵無法在低於酸鹼值 5.0 度的水中孵化。

▲酸雨會損害人的健康，引致哮喘、乾咳和頭痛，以及眼睛、鼻子和喉嚨過敏。此外，進食受酸雨影響的動植物會使身體逐漸累積重金屬，危害神經系統和腎臟。

▲建築物、橋樑和鐵路會受酸雨漸漸腐蝕，增加其維修成本，更會造成安全隱患。酸雨亦會對古跡和露天藝術品造成無法彌補的損害。

哇！這麼嚴重嗎？

對啊！有些氣象看似不起眼，卻影響重大，例如結霜。

結霜實驗

用槌子或攪拌機攪碎冰塊，再倒進容器。在加入鹽後，進行攪拌。

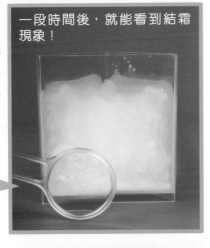

一段時間後，就能看到結霜現象！

霜凍警告

結霜的農作物溫度處於冰點以下，其細胞組織會壞死，所以香港天文台會事前發出霜凍警告，以提醒農民作應急措施。

霜的形成

在寒冷、無雲及風勢微弱的冬天，地面在輻射冷卻，室外的
如植物、電線桿的溫度下降得較快。
當其　　　　降至　　　　時，空氣中的水氣便由　　直接轉為　　的冰晶，也就是霜，此過程稱為　　。

* 結霜實驗是利用冰塊使容器迅速降溫，讓氣態的水氣變成固態的霜。

那你要買人工增雨技術嗎？

鈴鈴鈴

甚麼？

居兔

不用了，村子剛剛因下暴雨而水浸，現在反要買抽水機。

海豚哥哥
自然教室

動物

環保生態協會
Eco Association

綠頭鴨

綠頭鴨（Mallard，學名：*Anas platyrhynchos*）身長約有 60 厘米，體重大約 1 公斤，雙翼展開可達 98 厘米。

牠們主要分佈在北美洲、歐亞大陸和北非等地，喜歡在海岸、內陸淡水湖和濕地棲息，主要吃水生植物、昆蟲、小魚和蝦為生，壽命估計可達 10 歲。

綠頭鴨不但能在水中游泳、陸上行走，還可以飛行，真是多才多藝！

我們還非常聰明，能記住自己的飛行路線，甚至認得人類的面孔和聲音呢！

© 海豚哥哥 Thomas Tue

© 海豚哥哥 Thomas Tue

◀綠頭鴨是雌雄異形的物種（即男女樣貌不同），擅長游泳，腳趾間有蹼，非常適應水中生活。

© 海豚哥哥 Thomas Tue

© 海豚哥哥 Thomas Tue

▲雌性鴨的頭部和頸部呈深啡色，身上羽毛長有淺啡色的斑紋，體色較暗淡，有深橙色的喙。

◀雄性鴨的頭部和頸部呈光亮的綠色，非常漂亮。頭頂上有白色的環狀斑紋，身上灰色和棕色的羽毛帶有啡色斑點，喙則呈黃色。

若想觀看綠頭鴨的精彩片段，請瀏覽：
https://youtu.be/6gf59kaNgzc

f 海豚哥哥 Thomas Tue

海豚哥哥簡介

自小喜愛大自然，於加拿大成長，曾穿越洛磯山脈深入岩洞和北極探險。從事環保教育超過 20 年，現任環保生態協會總幹事，致力保護中華白海豚，以提高自然保育意識為己任。

居兔夫人和伏特犬一同參加投石機比賽，於是製造了一台重力投石機。

科學DIY

力學

正文社 YouTube 頻道

嘟一嘟在正文社 YouTube 頻道搜尋「#217DIY」觀看製作過程！

製作時間：2 小時

製作難度：★☆☆☆☆

重力投石機

製作步驟

材料：粗雪條棍 ×7、繩、橡筋、萬用貼、粗飲管、C 電池或 D 電池（或其他重物）、鉛筆（最少長 15cm）、膠紙　　工具：剪刀、白膠漿、剕刀

1 剪出底盤及投石籃，沿虛線用剕刀刀背刮出摺痕。

2 利用底盤左右兩邊的斜紋，分別在左右兩邊貼上兩條粗雪條棍，並黏貼粗雪條棍交叉位置。

黏貼

剛好碰到底邊。

3 如圖把 4 邊摺起來及黏貼成盒狀。

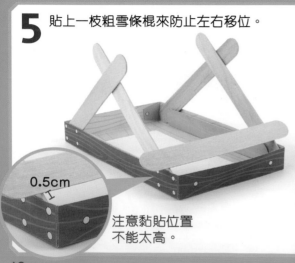

4 如圖用雪條棍在兩邊加固投石機底部。

5 貼上一枝粗雪條棍來防止左右移位。

0.5cm

注意黏貼位置不能太高。

6 用膠紙黏合 2 條粗雪條，製成長 24cm 的投石臂。然後摺出盒狀的投石籃，貼在投石臂其中一端。

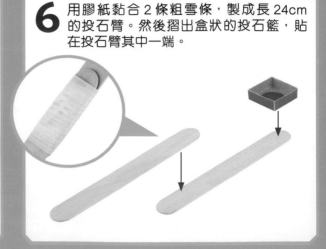

7 剪出一段 9cm 的粗飲管，用橡筋紮穩在投石臂上，作為轉軸。

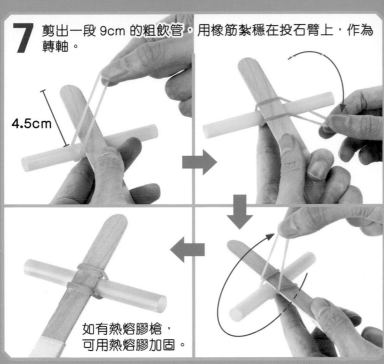

4.5cm

如有熱熔膠槍，可用熱熔膠加固。

8

用萬用貼及橡筋在投石臂末端綁上如電池的重物。

9

投石籃前方約 1cm 位置綁一條 20cm 長的繩。用鉛筆穿過投石臂的飲管轉軸，並架在左右的交叉狀雪條棍上。

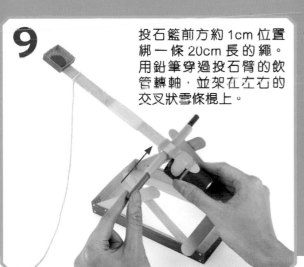

10

於投石機前方貼上裝飾。

利用投石臂上的繩把投石籃拉下來，然後放上拋射物。鬆開繩子即可發射。

完成！

玩法

可投擲發泡膠球或紙球。

⚠ 切勿投擲波子等硬物或重物，亦切勿對人發射！

重力投石機如何拋物？

這種投石機利用槓桿原理把物件拋出去。它配有非常重的物件來提供轉矩，令投石籃帶同拋射物旋轉，從而將拋射物擲出，此牽涉多種力學概念。

解剖旋轉過程

1 投石臂是一枝費力槓桿：轉軸是支點，重物是力點，投石籃及其上的拋射物是重點。由於力點跟支點非常接近，於力點配載重物後，投石臂便可在極短時間內加速旋轉。

力點
支點
轉矩
重量
重點

物件重量的一部分被用作轉矩，轉矩亦即令投石臂加速旋轉的力。

2

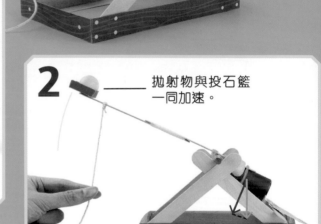

拋射物與投石籃一同加速。

隨着重物逐漸下跌，轉矩開始減少，令投石臂的加速度開始減少，但速度仍在增加。

3 重物越過最低點後，仍會稍為往上擺動，然後反方向掉回最低點。這時，投石臂開始減速。

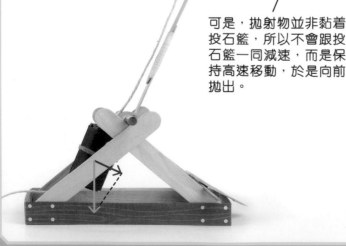

可是，拋射物並非黏着投石籃，所以不會跟投石籃一同減速，而是保持高速移動，於是向前拋出。

拋射物因受重力及氣阻影響而掉落，最終落在地上。

紙樣

沿實線剪下　沿虛線向內摺　黏合處

底盤

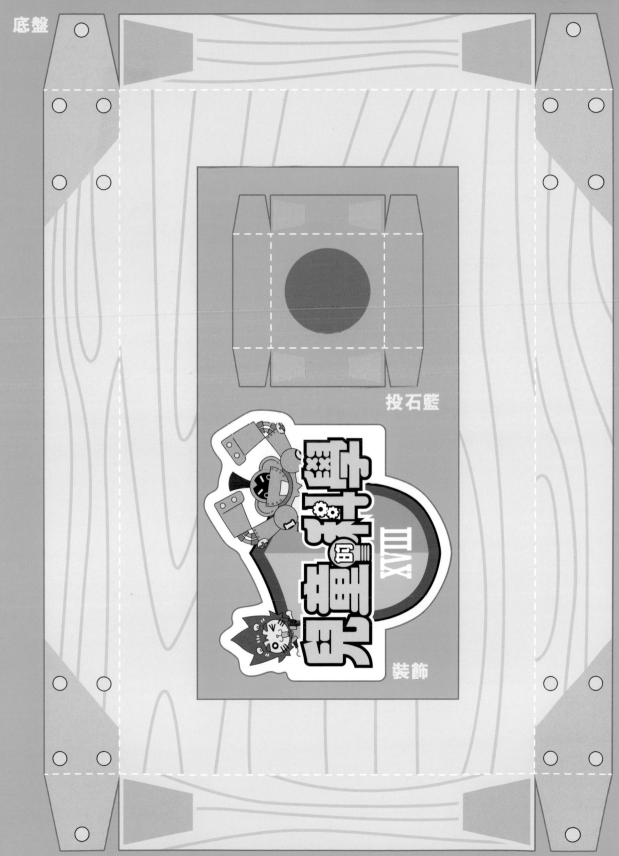

投石籃

裝飾

我們只能借這些給你了。

視藝老師
萊萊鳥

烹飪老師
居兔夫人

化學

在上實驗課前，伏特犬老師發現實驗用品不夠用了，只好找其他老師幫忙。到底他能否順利完成課堂呢？

實驗課危機

對了，可做這兩個實驗！

正文社 YouTube 頻道

嘟一嘟在正文社 YouTube 頻道搜索「#217 科學實驗室」觀看過程！

密度塔

會爬繩的鹽

注意事項
• 必須於家長陪同下進行實驗。
• 切勿進食本實驗製作出來的任何成品。
• 實驗時切勿飲食。
• 處理實驗品前後都必須洗手。

17

會爬繩的鹽

⚠ 請在家長陪同下小心使用熱水、刀具及尖銳物品。

材料：棉繩、廚房紙、廁紙、鹽、熱水、食用色素（可用教材中的食用色素）
工具：杯子 2 個、碟子 1 個、雪條棍、剪刀

1 把兩個杯子如圖放進碟子中，並在兩個杯子都倒進 250ml 熱水。

2 把 2-3 滴食用色素加入杯子後再攪拌，以便其後觀察實驗結果。

3 在兩杯水中各加入約 20 茶匙鹽，並不斷攪拌，直至鹽不能再溶於水。

鹽的分量可按照水量調整。

4 把紙巾和廚房紙捲成繩狀，並如圖把它們連同棉繩浸至水中。

水被吸上去了！

繩子懸空的中間部分要稍為垂下。

5 一小時後，如圖剪斷紙巾、廚房紙和棉繩沾水的部分，讓它們不再接觸到水，以免中間滴水不止。

6 靜候一天後，就可看到紙和棉繩上滿佈鹽。

可用教材中的放大鏡輔助觀察。

完成！

不同繩子的結晶狀況

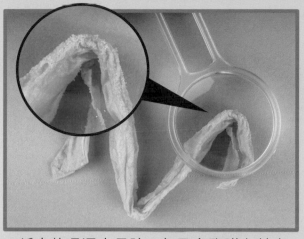

▲紙巾的吸濕力最強，有最多鹽附在其中。

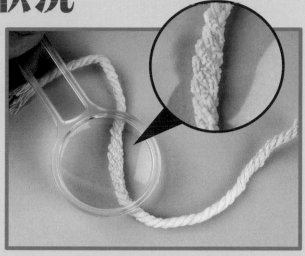

▲棉繩的吸濕力不及紙巾，但亦能結出不少鹽。

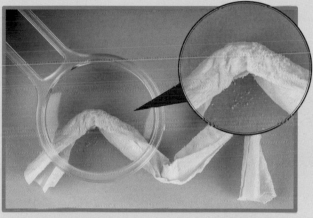

▲廚房紙吸濕力最弱，附在其中的鹽也最少。

吸濕力越強的物料越能把鹽水吸上去，結晶現象便更明顯。

水為何向上流？

三條繩子由不同的條狀纖維組成，纖維中有許多微小的隙縫，讓水分子滲進其中。同時，纖維與水分子之間具吸引力，拉扯水分子向上流。另外水分子之間亦有其凝聚力，當一些水分子向上流時，就會帶動其他水分子也向上移動。

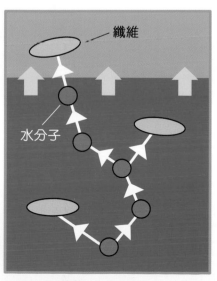

纖維

水分子

直至水的重力大於向上的力時，流動才會停止。這過程稱作毛細作用。

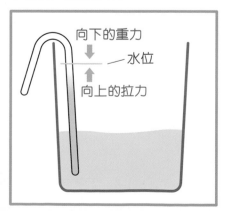

向下的重力

水位

向上的拉力

結晶作用

不斷把鹽加進水中，水便會「飽和」，不能再溶解更多的鹽。

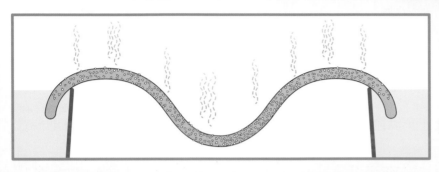

能溶解溶質的液體，稱作溶劑。

可被溶解的物質，稱作溶質。

不能溶解更多溶質的溶液，稱作飽和溶液。

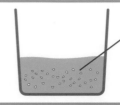

在毛細作用下，鹽水沿繩子往上滲透至中間位置。剪斷繩子後，繩內的水分因吸收熱能而蒸發掉，但鹽不會隨之蒸發，而是在繩子上結晶。

密度塔

材料：糖漿、水、油、萬字夾、葡萄、花生、發泡膠球、食用色素（可用教材中的食用色素）

工具：杯子 2 個、雪條棍

⚠ 請在家長陪同下小心使用刀具及尖銳物品。

注意事項
- 必須於家長陪同下進行實驗。
- 實驗時切勿飲食。
- 切勿進食本實驗製作出來的任何成品。
- 處理實驗品前後都必須洗手。

1 把 2-3 滴食用色素和水倒進杯子後，進行攪拌，以便其後觀察實驗結果。

2 如圖依次把糖漿、色素水和油倒進另一個杯子裏。

須緩慢地倒入液體，以免讓太多空氣進入其中。

3 把其餘物品逐一放進杯中。

4 物品浮在不同的液體層！

完成！

物品分層之謎：密度

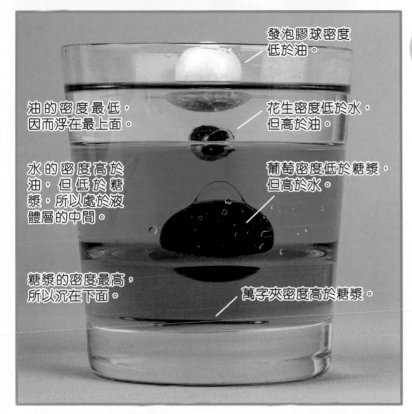

發泡膠球密度低於油。

油的密度最低，因而浮在最上面。

花生密度低於水，但高於油。

水的密度高於油，但低於糖漿，所以處於液體層的中間。

葡萄密度低於糖漿，但高於水。

糖漿的密度最高，所以沉在下面。

萬字夾密度高於糖漿。

▲實驗中的液體和物品因密度不同，使它們身處不同位置。

可以放入其他物件，觀察它們會浮在哪一層。

所有物體均有其密度，即質量與體積的比例。密度高的液體會沉向密度低的液體下方。

以水和油為例，在相同體積下，水分子的數量較油分子多，即密度較高。即使先於杯中倒入油，再倒入水，較低密度的油仍會向上浮於水面。

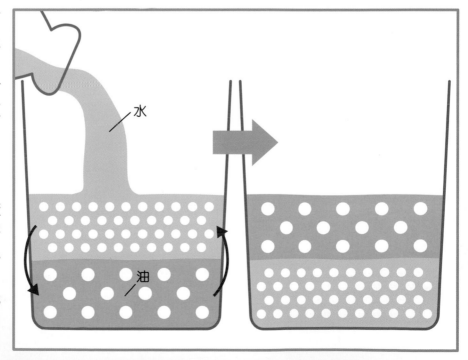

水

油

博思創意 STEAM

2023 SUMMER

機械人編程
暑期課程

LEGO® 機械人 入門 編程 (5-6歲)

SPIKE Essential 課程單元經過精心設計，圍繞相關主題，通過講故事的形式開展解決問題活動，幫助學生成長為獨立的 STEAM 思考者。

LEGO® 機械人 初階 編程 (7-8歲)

SPIKE Prime 課程透過使用 Scratch 的流行編碼語言及模擬現實情況的專題內容，幫助學生更易於專注學習搭建和編程包含感應器的自主機械人的基礎STEM知識，持續培養學生們的批判性思維和解決複雜問題的能力。

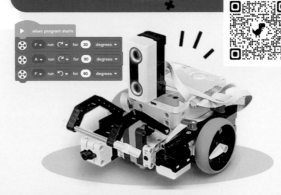

LEGO® 機械人 進階 編程 (9-12歲)

機械人相撲是一項具挑戰性的機械人競技運動，兩個自主機器人將進行正面交鋒，利用不同的方法及策略，試圖將對手推或擊出擂台，是雙方速度、力量與智慧的比拼。是次挑戰項目為我們暑期系列中Robotics Advance課程。學生將以研究學習形式上課並在專業的導師指導下獨立完成機械人搭建、程式設計。不但透過課堂加強學員的邏輯思維、批判性思維及解難能力，同時小朋友在暑假期間亦能吸收書本以外的知識。

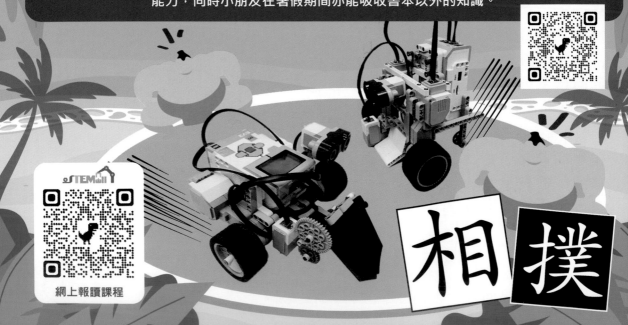

網上報讀課程

相撲

📞 2728 8699   f Pigeon City 博思創意   🅞 pigeoncitycreative   ┃九龍彌敦道794-802號協成行太子中心80!

大偵探
福爾摩斯
SHERLOCK HOLMES

福爾摩斯 精於觀察分析，曾習拳術，是倫敦最著名的私家偵探。

華生 曾是軍醫，樂於助人，是福爾摩斯查案的最佳拍檔。

科學鬥智短篇㊗️
1英鎊謀殺案⑴

厲河＝小説 鄭江輝、陳秉坤＝繪

陳沃龍、徐國聲＝着色

「鄉巴仔！你在吃甚麼？」綽號**大肥貓**的小霸王攔住同班同學**小里奇**，粗聲粗氣地喝問。

「對！你在吃甚麼？快説！」大肥貓的三個跟班也走過來叫囂。

「我……我……」小里奇被嚇得渾身發抖，差點連手上的**棒棒糖**也握不牢。

「我甚麼！」大肥貓罵道，「聽不懂正統的英語口音嗎？還是連自己吃甚麼也不知道呀？傻瓜！」

「我……我在吃……**崩崩糖**……」小里奇惶恐地低聲應道。

「甚麼？我沒聽懂！」

「崩崩糖……」

「甚麼？崩崩糖？」大肥貓向跟班們笑道，「哇哈哈！他説在吃崩崩糖呢！」

「哈哈哈！崩崩糖！崩崩糖！」跟班們大聲和應，「鄉巴仔吃崩崩糖！**崩崩崩**！吃得牙齒**嘣嘣響**！」

「哈哈哈！原來在澳洲叫崩崩糖！」大肥貓一手奪過小里奇的棒棒糖，「但在這裏叫棒棒糖啊！明白嗎？叫棒棒糖！」

説着，他伸出大舌頭，用力地**舔**了一下棒棒糖，得意地笑道：「唔！好吃！我糾正了你的**鄉音**，這塊糖就送給我吧！」

說完，大肥貓就領着三個跟班，大笑着**揚長而去**。小里奇哭喪着臉看着他們遠去的背影，感到又驚又怕。

翌日，在放學回家的路上，小里奇又被大肥貓和他的三個跟班攔住了。

「棒棒糖呢？怎麼今天不吃了？」大肥貓喝問。

「我……」小里奇不知怎樣回答。

「聽不懂**正統英語**口音嗎？」一個跟班說，「大哥說的是崩崩糖呀！」

「**對！崩崩糖！崩崩糖！**吃得牙齒嘣嘣響的崩崩糖！」另外兩個跟班又笑又叫。

「我……我今天……沒有糖……」

「甚麼？沒有糖？」大肥貓怒喝，「那麼你拿甚麼來**孝敬**我？」

「我……」小里奇低下頭來，不敢正視小霸王。

「嘿嘿嘿……」大肥貓拍了拍小里奇的肩膀，「看在你是同班同學的份上，今天就放過你吧。」

小里奇抬起頭來，兩隻眼睛已害怕得眶滿了淚水。

「不過……」大肥貓冷冷地笑了一下，「你身上有**錢**吧？可以拿出來給我看看嗎？」

小里奇強忍着不讓眼淚掉下，委屈地把小手插進褲袋中，**戰戰兢兢**地掏出了**2便士**。

「這麼少？」大肥貓怒罵。

小里奇被嚇得退後了兩步，只能害怕地點點頭。

「哼！你老爸沒叫你帶多一點錢傍身嗎？」大肥貓衝前，「**啪**」的一下用力地扇了小里奇一巴掌。

「**哎喲！**」小里奇失去平衡，慘叫一聲倒在地上。

「鄉巴仔！明天帶多**2便士**來！知道嗎？」大肥貓説完，又領着三個跟班大模大樣地走了。

第三天，在小息時，大肥貓搶走了小里奇**4個便士**，並命令：「明天再帶多兩個來！知道嗎？」

第四天，在上廁所時，大肥貓搶走了小里奇**6個便士**，並命令：「明天帶多兩個來！即是8個！知道嗎？」

第五天，在放學回家的路上，小里奇只能拿出**3個便士**，大肥貓狠狠地把他揍了一頓，並屬聲命令：「下星期一帶**1個先令**來！記住！不准對人講挨揍了，知道嗎？否則每天揍你兩頓，揍死你為止！」

小里奇嘴角流血，渾身沾滿了塵土的倒在地上。他看到大肥貓走遠後才敢站起來，拖着顫巍巍的身軀回家。這時，他並沒有注意到，一個**高高瘦瘦的男人**由始至終在街角看着大肥貓欺負他的情景，其嘴角更浮現出陰險的微笑。

「小里奇，你怎麼了？」**哈斯勒**看到渾身**髒兮兮**的兒子踏進家門，不禁訝異地問。

「沒甚麼……我跌倒了……」小里奇怯生生地答。

「你的嘴角還**流血**呢！」哈斯勒慌忙走了過去，用手帕為兒子擦去血跡。

「啊……」小里奇不知道怎樣解釋。

「來，快去換衣服吧。」哈斯勒邊説邊為兒子拍去身上的灰塵，「走路時要小心看地面啊，不然就很容易絆倒了。」

小里奇點點頭，就回到自己的臥室去了。

哈斯勒看着小兒子的背影，心中閃過一下疑惑。他悄悄地走到後院，向正在修剪花卉的妻子**吉娜**説出了剛才的情況。

「啊！是嗎？」吉娜愕然。

她想了想，說：「這麼說來，他星期一放學回來時，嘴角也有一點血跡，我問他時，他也是說摔倒擦傷呢。」

「**有點可疑**……」哈斯勒憂心地說。

「呀！對了，他這幾天還向我要多了零用錢。」吉娜想起甚麼似的說，「本來我每天只給**2便士**，他星期三說要**4便士**，然後是**6便士**，今早更問我拿8便士。我問他用來買甚麼，他又**支支吾吾**地沒說清楚，我就給了他3便士。他接過錢後，還一臉委屈的上學去呢。」

「唔……」哈斯勒沉思片刻，「看來他受到欺負，有人向他**勒索**要錢。」

「啊……」吉娜擔心地說，「他受到甚麼人欺負呢？」

「還用問嗎？不是同學就是附近的頑童，大人不會勒索那麼一丁點錢。」哈斯勒有點氣憤，「小里奇跟我們從澳洲回來才一年，還有點**土裏土氣**，說話時的發音又有**澳洲腔**，很容易成為欺負的對象。」

「啊……」

「人就是這樣，最愛找跟自己有點不同的人來欺負。想當年我初到澳洲工作，由於口音不同，也常常被當地人取笑。」哈斯勒**憤憤不平**地說，「不行！我不能讓人欺負小里奇！」

「可是，這是小孩子之間的事，大人出面干涉不太好吧？」吉娜說。

「不！如果只是為了小事爭執打架，大人確實不宜出面。但這是**欺凌**，還涉及勒索金錢，我不能不出面！」

「你想怎樣？」

「我自有辦法。」

兩天後，星期一的早晨，在晨風吹拂下，哈斯勒帶着小里奇上學去。

他一邊走一邊說：「記得我教你怎麼辦嗎？」

「記得……」小里奇有點害怕地點點頭。

「你說給我聽聽。」

「**小息時**……不要走近大肥貓……」

「還有呢？」

「**上廁所時**……要跟着其他同學一起……」

「還有呢？」

「還有……」小里奇往褲袋裏摸了摸，掏出一個先令，怯聲怯氣地說，「在回家路上……如果大肥貓問我拿錢，我先說沒有。他再威脅我時……就拿出這個先令給他……不過……要故意讓**先令**掉到地上，讓他自己去撿……」

「很好，你就這麼辦吧。」哈斯勒滿意地點點頭說，「不用擔心，你放學時我會一直跟着你，看到那個大肥貓撿起那個先令離開時，我就會走出來**當場把他抓住**！」

「可是……爸爸……我怕……」

「有爸爸在，你不用怕。」

「我怕他打我……」

「不用怕，他看到**錢**，就不會打你。」哈斯勒出言激勵，「你放心吧，我會在附近看着你的。」

「你……真的會看着我？」小里奇抬起頭來，擔心地問。

「當然囉，你是我的小寶貝呀。」

「你……會幫我**教訓**他吧？」

「傻瓜，我當然會。」

「嗯……」小里奇猶豫地點了點頭，看來有點放心了。

兩父子一起去到學校門口，哈斯勒摸了摸小里奇的頭，目送他走進了校門。

下午，放學的鐘聲響起，哈斯勒早已在校門對面的街角監視。學生們**陸陸續續**地走了出來，有的一邊走一邊嬉戲，有的則互相追逐打鬧，完全看不出欺凌就隱藏在這些**天真爛漫**的小學生之中，會忽然撲出來噬咬純真的小孩。

這時，一個弱小的身影從校門走出來了。

「小里奇。」哈斯勒心中暗叫一聲，不知怎的，雖然要對付的只是個小霸王，他心中竟還有點兒緊張。

小里奇往四周看了看，沒看到父親躲在暗處，只好偷偷地往身後瞥了一眼。然後，就踏着**戰戰兢兢**的步伐朝家的方向走去。

「看他那**誠惶誠恐**的樣子，一定是擔心那個小霸王攔途截劫了。不過，為了讓他鍛煉一下膽色，暫時不要讓他看到我。」哈斯勒心中一邊暗想一邊遠遠地跟在兒子的後面。

走了幾分鐘，當小里奇轉進一個街角時，一個**小胖子**與三個小童突然擋在小里奇的前面，攔住了他的去路。

哈斯勒見狀，連忙加緊腳步往他們走去。他知道，那個小胖子一定就是兒子口中的大肥貓，那三個小童則是他的跟班。這時，他看到小胖子**裝腔作勢**地向小里奇説着甚麼，那三個小童則在旁**得意忘形**地嬉笑。

「怎樣？把錢帶來了嗎？」哈斯勒聽到了大肥貓的喝問。同一剎那，他看到小里奇恐懼地往他的方向看了看。他知道，小里奇看到了自己。

「喂！看甚麼？我問你把錢帶來了沒有呀！」大肥貓叫得更兇了。

為了看看兒子如何應對，哈斯勒故意放慢了腳步。

小里奇知道父親就在附近，膽子也就大了，他向大肥貓用力地搖了搖頭。

「甚麼？沒帶錢！」大肥貓怒喝一聲，使勁地把小里奇推了一下。

一切正按劇本進行着。小里奇將掏出**1個先令**遞給大肥貓，但會故意脫手把它扔到地上。哈斯勒想到這裏，就**不動聲色**地一步一步向小里奇他們走去。

然而，出乎意料之外的事情發生了！小里奇並沒有把錢掏出來，反而用力**推開**大肥貓，轉身就走。

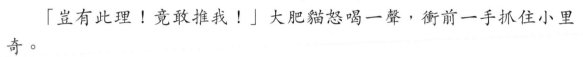

「啊！」哈斯勒大吃一驚。但他馬上意識到，兒子知道自己在看着，就**鼓起勇氣**反抗了。

「豈有此理！竟敢推我！」大肥貓怒喝一聲，衝前一手抓住小里奇。

「糟糕！」哈斯勒知道再不出手，小兒子就會挨揍了。他慌忙加快腳步往他們走去。

然而，同一剎那，一個黑影突然從街角閃出，一手**抓**住了他。

「**馬修斯！別來無恙吧？**」一個似曾相識的聲音闖進了他的耳窩。

哈斯勒赫然一驚，往抓住他的人看去——

「啊……」當他看到眼前這個白髮蒼蒼的**高個子**時，不禁當場呆住了。

「嘿嘿嘿，馬修斯，你不是忘記了你的老上司吧？」高個子笑道。

哈斯勒怎會忘記這個「**老上司**」，就是他，害他坐了兩年牢，出獄後更被逼飄洋過海，去到**人生路不熟**的澳洲謀生。

「君子不念舊惡，都這麼多年了，你不是把當年的事仍記在心上吧？」高個子仍堆着笑臉。

「你！」哈斯勒正想發作時，身後突然傳來一陣喧譁。他慌忙轉過頭去看，原來小里奇已倒在地上，正被大肥貓**拳打腳踢**，那三個跟班則在旁吶喊助威，看得好不興奮。

哈斯勒一手撥開高個子，企圖衝去營救兒子。可是，高個子伸出長腿輕輕把他一絆，就把他**絆倒**了。

「你想怎樣？」哈斯勒一個翻身跳起來，憤怒地向高個子吼問。

「你問我？我才想問你！」高個子並不示弱，「一個大男人，想干涉小孩子打架？你不害羞嗎？」

「那個被打的是**我的兒子**！」

「啊？原來是你的兒子？哇哈哈，太巧合了，那個**威風八面**的小胖子是**我的孫兒**呢！」

「甚麼？」哈斯勒驚訝萬分，「**布蘭特！**既然是你的孫兒，為何還不去制止他！」

「你想我制止他嗎？」

「當然，他正在欺負我的兒子呀！」

「明白了。」高個子一笑，馬上向打得興起的那邊大喝一聲，「喂！你們在幹甚麼？快住手！」

大肥貓被嚇了一跳，他和三個跟班赫然發現哈斯勒兩人後，馬上一**溜煙**似的跑走了。

「小孩子不懂事，請多多包涵。」高個子笑盈盈地打量了一下哈斯勒，「馬修斯，你好像發了跡呢！今天遇到你真幸運，改天再來找你**聚舊**。後會有期！」說完，他就揮揮手走了。

哈斯勒看着「**老上司**」遠去的背影呆了一會，才匆匆忙忙地跑去扶起仍倒在地上的小里奇。可是，小里奇並不領情，他生氣地**甩**開父親的手，獨個兒邊哭邊走了。

哈斯勒愧疚地跟在後面，他知道，小兒子一定是氣他只顧與朋友間聊也不**出手相助**，讓他挨了一頓揍。

　　「希望這個小風波很快過去，小里奇不會把它放在心上吧。」哈斯勒心中暗自冀望。然而，他這時並不知道，一個**巨大的風暴**正悄然襲至，令他的命運一步一步走向滅亡……

　　「福爾摩斯先生！有人找你啊！」小兔子「**嘭**」的一聲踢開大門叫道。

　　正在閱報的華生被嚇了一跳，慌忙壓低嗓子說：「噓！輕聲點。」

　　「怎麼啦？難道福爾摩斯先生**沒交租**，怕得靜悄悄地躲起來了？」小兔子也壓低嗓子，**煞有介事**地問。

　　「不是啦，他昨晚外出查案著涼發燒，現在還躺在床上休息罷了。」

　　「**誰發燒？**」李大猩突然闖了進來，又把華生嚇了一跳。

　　「觀察啊！你只會看，不會觀察嗎？」小兔子**老氣橫秋**地向李大猩說，「老子沒發燒，華生醫生也沒發燒，那麼，還有誰發燒？」

　　「哎呀，一定是福爾摩斯啦！怎麼要找他幫忙時，他就生病啊！」這時，狐格森也走了進來。

　　「一大早就來，難道有甚麼急事？」華生訝異地問。

　　「哈哈哈……」李大猩尷尬地**假笑**幾聲，「沒甚麼啦，剛剛經過這條貝格街，又想起有點小事，就走上來**串串門子**罷了。」

　　「對，哈哈哈……」狐格森也連忙陪笑道，「對，只是串串門子，找他幫點小忙罷了。」

「幫點小忙？幫甚麼？」小兔子好奇地問。

「**別多管閒事。**」李大猩向小兔子瞪了一眼，「我們是找福爾摩斯，沒你的事。」

「不，反正我閒着，找我吧！我可是少年偵探隊的隊長啊。」小兔子雙手叉腰，**不可一世**地說，「老爸病了，不論小事、大事、正經事、紅事、白事和大家的**後事**都由我管啦。」

「大吉利是！」華生罵道，「你**無所事事**，也不要來這裏搞事呀。」

「對，快滾！」李大猩一手揪住小兔子的後領一拋，就把他**攆**了出去。

「其實……」狐格森走到華生身邊，**吞吞吐吐**地說，「我們遇到一個案子非常棘手，想向福爾摩斯請教──」

「不！」李大猩慌忙轉回來搶道，「其實，我們遇到一個案子非常有意思，知道福爾摩斯一定會很感興趣，就想請他聽一聽，讓他可以記錄在 **犯罪檔案簿** 上罷了。」

「哈哈哈……」狐格森**刷**地又堆起笑臉說，「對、對、對，他的犯罪檔案實在不能缺少這一起案子呢。」

「真的嗎？那案子真的那麼棘手？」華生斜眼看着孖寶幹探，已大概猜到兩人的來意了。

「不、不、不，不是棘手啦。」李大猩有點狼狽地解釋，「只是線索一大堆，卻叫人不知**從何下手**而已。」

「可是，他病了也沒法幫忙啊。」華生聳聳肩，擺出一副**愛莫能助**的表情。

「哎呀，只是發燒罷了。」狐格森滿口恭維，

「他可是一位**遇佛殺佛**、**見鬼殺鬼**的大偵探啊！這麼一點小病怎難得了他。」

「對，只是和他談幾分鐘而已，不礙甚麼事。」李大猩惟恐被拒，急忙附和。

「這個嘛……」華生考慮片刻，「好吧，如果福爾摩斯答應的話，給你們10分鐘。記住，不能讓他下床啊。」

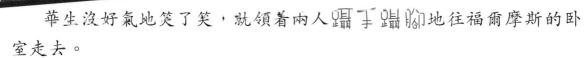

「哈哈，都說華生醫生夠朋友，我沒看錯呢！」狐格森大喜。

「哇哈哈，華生醫生和我們可是**刎頸之交**，當然不會**袖手旁觀**啦。」李大猩奉承得更誇張了。

華生沒好氣地笑了笑，就領着兩人躡手躡腳地往福爾摩斯的卧室走去。

呼嚕……呼嚕……呼嚕……

三人一踏進卧室中，就聽到一陣輕輕的鼾聲。

「福爾摩斯睡得很香呢。」華生輕聲道，「我們還是不要打擾他了。」說完，轉身就想走。

「怎可以啊！」李大猩馬上把他攔住。

「對，我們不能**空手而回**呀。」狐格森也說。

「但他最討厭熟睡時被人叫醒。我不想被罵啊。」

「不用叫，他也會醒的啦。」狐格森說。

「真的？」李大猩訝異。

「不信？看我的。」狐格森說完，**輕手輕腳**地走到福爾摩斯的床前。

李大猩和華生看着，完全不知道狐格森想幹甚麼。

「3鎊。」狐格森湊到福爾摩斯耳邊，輕輕吐了一句。

「呼……嚕……」福

爾摩斯的鼾聲突然拉長了。

「3鎊，不用起床，只是討論一下案情。」狐格森又輕輕說了一句。

「呼⋯⋯呼嚕⋯⋯嚕⋯⋯」鼾聲的節奏明顯被打亂了。

「怎樣？」狐格森問。

「呼⋯⋯嚕。」（NO）

「甚麼？不行嗎？」

「嚕。」（NO）福爾摩斯一個轉身，翻到另一邊去。

「豈有此理，竟然乘人之危。」狐格森氣極，「算了，4鎊！怎樣？」

「呼⋯⋯嚕嚕嚕。」（NO、NO、NO）

「甚麼？還不行嗎？」

「呼⋯⋯」這時，福爾摩斯緩緩地舉起一隻手，伸出了5根手指。

「甚麼？5鎊！」狐格森心有不甘，但也只好同意，「算了！5鎊就5鎊吧。」

華生和李大猩雖然知道福爾摩斯非常貪錢，但看到他迷迷糊糊地發着高燒仍不忘講價，也不禁被氣得幾乎反了白眼。

「有甚麼想問，就快問吧。」福爾摩斯半睜眼睛，有氣無力地說，「只限10分鐘，超時另外收費，1分鐘1鎊。」

「哇！好貴啊！」狐格森大吃一驚，趕忙說，「是這樣的，上星期二，即是6月6日，在市郊附近的雷克曼小鎮上發生了一起命案，受害人名叫布蘭特，他一個人死在自己的房子中。」

說着，狐格森巨細無遺地道出了他和李大猩已掌握的線索。

① 兇案現場的房子是一棟**2層高**的**獨立屋**，位於一個僻靜的樹林當中，四周都長滿了高大的樹木。

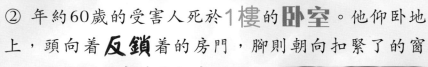

② 年約60歲的受害人死於**1樓**的**卧室**。他仰卧地上，頭向着**反鎖**着的房門，腳則朝向扣緊了的窗口。那是個開窗時要把窗門往上推的**直式立窗**。

③ 他的**額頭**有被硬物重擊過的傷口。驗屍後證實，他是死於頭骨爆裂及頸骨折斷。但卧室內並無留下**兇器**。

④ 屍體是女傭**帕羅特夫人**在當天早上11時發現的，她每天都在那個時候去打掃和做飯。此外，她有大門和卧室的鑰匙，證明兩者的門都**反鎖**着的。

⑤ 家中最值錢的東西是一個**留聲機**，由於找到單據，得悉是上個月頭才買的。奇怪的是，據店員説，受害人是以一疊**1英鎊鈔票**付款的。

⑥ 不過，在其外套的口袋中也找到**20張1英鎊**的鈔票。受害人好像喜歡用小面額的鈔票。

⑦ 在調查他的財產時，得知兇案現場的那所房子是他半年前買下來的。但是，不要説銀行存款，他連**銀行戶口**也沒有。

⑧ 他沒有工作，也沒有甚麼朋友，帕羅特夫人説從未見過人找他。但他**每個月的第一個星期一**準會去倫敦一次，風雨不改。

⑨ 帕羅特夫人為受害人工作了差不多半年，説他為人風趣幽默，無不良嗜好，本來更是滴酒不沾，但上個月開始卻見過他**喝醉**回家。

35

聽完狐格森的描述後，福爾摩斯閉上眼睛沉思片刻，說：「唔……這是典型的密室殺人事件呢。」

「是啊。」李大猩說，「沒有鑰匙的話，大門和房門都無法從外面打開。而且，臥室的惟一一扇窗是被扣死了的，也不能從外面打開。所以，可說是百分之一百的密室。」

「對，就算能打開窗，房子內外都沒有長梯，窗外又沒有水管之類可供踏腳的地方，一般人是沒法從外牆攀進室內的。真不知道兇手如何行兇，也不知道動機是甚麼。」狐格森補充道。

「1鎊。」福爾摩斯輕輕吐出一句。

「甚麼？還未夠10分鐘啊！這麼快就加錢了？」狐格森抗議。

「不。」福爾摩斯在枕頭上挪動了一下脖子，仍閉着眼睛說，「我說的是那些1鎊鈔票。」

「1鎊鈔票又怎樣？有甚麼意思？」李大猩緊張地問。

「那些鈔票是關鍵，已道出了兇手的犯案動機。」

「甚麼動機？」

「勒索！」福爾摩斯突然睜開眼睛，在了無生氣的瞳孔下閃過一下寒光，「那些1鎊鈔票已證明，這是一宗勒索案。死者貪婪過度，結果死於非命！」

下回預告：為何福爾摩斯能一口咬定那是一宗「勒索案」？那些1鎊鈔票又證明了甚麼？大偵探大發神威，躺在病榻中竟也能直搗案子的核心！

愛迪蛙和亞龜米德來到嶺南鍾榮光博士紀念中學的「爬蟲嶺地」，探訪這裏不下數十種爬蟲類動物！

爬蟲館？在學校？

我們快去看看吧！

鳴謝：
嶺南鍾榮光博士
紀念中學

爬蟲大冒險！第一集
蛇類探索

嶺南鍾榮光博士紀念中學在 2021 年開展「嶺鍾小生命場」計畫，教導同學生物多樣性及其他科學知識，而爬蟲種類繁多，非常適合學生學習，故決定設立爬蟲館。該館於去年 6 月正式開幕，由爬蟲學會的師生及資深爬蟲專家 Joe 哥共同打理。

歡迎來到嶺鍾小生命場！

爬蟲館負責老師
殷培基助理校長

哇，有條大蛇呀！

陳穎妍同學
中四

胡震軒同學
中四

▲ 今天由兩位爬蟲學會的同學來示範餵蛇，並介紹不同蛇種！

球蟒

主要分佈於中非及西非的無毒蟒蛇，受威脅時會把身體縮成球體，是一種非常溫馴的蛇種。

這條球蟒有許多特別之處呢。

球蟒小檔案

英文名：Ball Python
學名：*Python regius*
體長：150-180 厘米
棲息地：草原、低地雨林
壽命：人工飼養下可達 20 年

牠為何這麼白的？

這是白化的球蟒，其身體幾乎沒有黑色素或其他生物色素，屬先天性現象。當蛇卵受精時，若來自父母雙方的都是白化基因，才會誕生白化的蛇。

為甚麼牠好像特別粗？

這條球蟒很可能懷孕了！

爬蟲館增添每種爬蟲動物時，通常是一對雄性跟雌性為基礎，以準備之後推行繁殖計畫。目前先嘗試繁殖蛇，其後可能會嘗試其他物種。

▲另一條沒白化的球蟒，其顏色及花紋也會因遺傳基因而有所不同，而牠也可能已懷孕了。

蛇吃甚麼？

蛇是肉食動物，主要吃跟自己體形相近的小動物。館內的蛇則主要吃冰鮮老鼠，通常一星期被餵食一次。

餵食前，先將老鼠解凍及抹乾，再用燈將其加熱至接近活老鼠體溫的溫度。

為甚麼要加熱？

蛇會用頭部的**熱感應器官**來感應獵物發出的**熱能**，也會**吐舌頭**感應周遭的**氣味**，以判斷獵物的位置。

可是冷冰冰的冰鮮老鼠令蛇覺得味道很怪，甚至以為並非食物而拒吃，故須先加熱。

球蟒的熱感應器官就在窩器（pit organs）內，即鼻孔及嘴巴中間這排孔。

鼻孔

◀此外，蛇可用舌頭「嗅」附近的氣味，判斷氣味來源。所以，若手因碰過老鼠而帶有氣味，就別放在蛇附近或把蛇放在手上，否則會被蛇誤判為美味的老鼠！

另外，蛇是**變溫動物**，其體溫全受外界影響。若牠吃下冰冷的老鼠，體溫便會下降，甚至會消化不良！

加熱後，就用鉗穩妥地夾住，放到蛇頭前等牠吃。

方骨連接蛇的上顎及下顎，可移動，令嘴巴上下張開的幅度非常大。

蛇可吃下比其本身更大的獵物，全因其頭骨和顎骨構造特別，可以把口部張開至 180 度。

下顎的骨骼分成左右兩邊，中間由具彈性的韌帶相連，令嘴巴可向左右稍為張開。

洪都拉斯牛奶蛇 (**Honduran milk snake**)

這裏還有其他種類的蛇呢！

學名為 *Lampropeltis triangulum hondurensis*，無毒。這條蛇仍在幼年期，長大後可達 180 厘米。其身體失去光澤，是蛻皮的先兆。

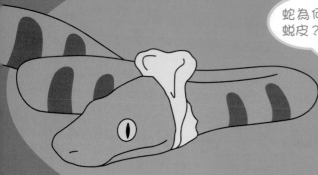

蛇為何會蛻皮？

蛻皮的原因

蛇跟其他生物一樣有新陳代謝，新外皮會週期性地長出，故須蛻掉舊皮，才能把生長空間讓給新皮。此外，蛻皮還能將外皮上的寄生蟲移除。

蛻皮的文化意義

大家看過救護車上的這個標誌嗎？那叫「生命之星」（Star of Life），中間畫有一把蛇杖（Rod of Asclepius）。而選畫蛇的原因，就是因為蛇的蛻皮象徵治療及再生。

目前爬蟲學會成員多嗎？

據殷 Sir 說，爬蟲學會光是中一及中二會員已有 29 人，成員數目正在增加，因大家都十分喜歡爬蟲動物，並從實踐中學習。

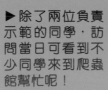

▶除了兩位負責示範的同學，訪問當日可看到不少同學來到爬蟲館幫忙呢！

粟米蛇 (Corn snake)

一種無毒的蛇，學名為 *Pantherophis guttatus*，常出沒在穀倉附近捕食老鼠，所以有此名稱。

墨西哥黑皇帝蛇
(Mexican black kingsnake)

又稱「黑皇」，學名為 *Lampropeltis getula nigrita*，同樣是無毒的蛇。牠除了吃老鼠，也會吃其他蛇，甚至對蛇毒有抵抗力。具特別光澤的黑色鱗片是其一大特色。

同學在照顧爬蟲動物時，會學習到甚麼呢？

在照顧各種爬蟲動物時，除了生物知識，也學到正確的照料技巧和態度。

例如同學須細心觀察，留意動物是否處於緊張狀態、胃口是否正常等；也要守紀律，進入爬蟲館時儘量安靜，以免動物受驚。另外，清理動物的大小二便時，更不能怕骯髒；也要有勇氣突破對爬蟲的恐懼。

接下來的數期，「爬蟲地帶」將繼續介紹各種在爬蟲嶺地生活的動物，切勿錯過！

左起：陳穎妍同學、Joe 哥、郭 Sir、胡震軒同學、殷 Sir、兒科編輯

讀者天地

在上期的「化學洗手間」教材，如果水分加太多，甚至會出現鬼口水從廁所杯溢出的有趣情況！不過那些溢出的鬼口水可用廁所杯中那大塊鬼口水黏起來回收呢！

余浩陽

*給編輯部的話

希望刊登

今期的科學教材專輯介紹了公轉、自轉、日全食等知識，十分有趣，讓我獲益良多！！

莫翹蔚

*給編輯部的話

我很喜歡今其月的「海豚哥哥自然教室」因為我最喜歡松鼠了！今期的松鼠很可愛！♡

評分1-10
十分希望刊登

不論是大至宇宙，小至一隻小動物，都有許多美麗之處呢！

王家毅

*給編輯部的話

能不能把所有的福爾摩斯的書都製成一本書？(方便一次買)

根據健力士世界紀錄，目前最厚的書厚達 49.6cm。如果把所有《大偵探福爾摩斯》合製成一本書，豈不是更厚？會否很難打開啊？

朱可楓

*給編輯部的話

我看到原來有很多細菌

培養基

你是說第 215 期的「科學實驗室」？當中的確種了幾種不同細菌，其顏色、形狀都不同，有些凸出來，有些卻會凹陷，那你種出的細菌是怎樣的呢？

盧司保

*給編輯部的話

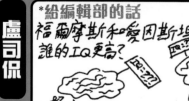

福爾摩斯和愛因斯坦誰的IQ更高？

愛因斯坦 IQ:160
IQ:??? 福爾摩斯
支持兇科！
希望刊登！

兩人因不同原因而沒有做過 IQ 測試，所以他們的 IQ 都是人們猜想的。美國作家約翰·韋福利用柯南·道爾對福爾摩斯的描述，估計福爾摩斯的 IQ 為 190。愛因斯坦的 IQ 則是人們利用愛因斯坦及其父母的社會經濟地位、壽命等資料，估計為 160 至 180。

其他意見

我最喜歡數學偵緝室。因為沒想到能把福爾摩斯和數學的主題，結合成了一個新的主題。

許哲軒

今期的「天文三球儀」真有趣 👍👍 希望能夠再出天文學主題的教材 👍●♥

黃煒晴

我最喜歡就是天文學，拿着天文三球儀更是愛不釋手，我亦可以用這個儀器給我的妹妹解釋 ●

Alice

2023 ROBOFEST 機械人大賽
香港區選拔賽完滿結束

鳴謝：香港機械人學院

今年的 ROBOFEST 香港區選拔賽已於 2 月 18 日及 19 日順利舉行，來自 66 間學校、合共 311 支隊伍在各個比賽項目中互相較量。獲勝隊伍可獲出線權，於 5 月 9 日代表香港到訪美國底特律參與國際賽事，跟來自世界各地的同學切磋交流！

▼ 將對手機械人推出擂台！

▲ BottleSumo 機械人相撲比賽開始前應對場地變數，爭分奪秒地修改程式！

► 在激烈的比賽中勝出，難掩興奮心情！

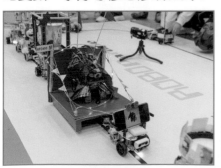

▲各比賽項目難度各異，當中的 RoboParade 機械人巡遊賽非常適合編程初學者參加。

▲ 射箭相關的 Exhibition 機械人創意賽作品。

▲各項比賽中，有些側重機械人及程式設計，有些須兼顧美術創作，讓同學按其興趣及自身定位來參加。

43

開心禮物屋

兒科 18周年 ANNIVERSARY

為慶祝兒科的十八歲生日，今期禮物加倍！

參加辦法 在問卷寫上給編輯部的話、提出科學疑難、填妥選擇的禮物代表字母並寄回，便有機會得獎。

A Merchant Ambassador 20 吋桌上桌球機

與朋友比試，看看誰才是桌球天王！　1名

B Fantasma 神奇魔術盒 表演套裝

向觀眾展現你層出不窮的魔術手法吧！　1名

E Rescue Force 四輪拯救機車套裝　1名

立即坐上救援車，化身消防員拯救市民！

F 科學大冒險 ④＆⑤　1名

跟小Q一起搗破一個個 Mr.A 的陰謀，學習各種科學知識！

I 大偵探 450 毫升 水樽 款式 A　1名

在炎熱天氣下，記得要補充水分。

J PIXOBITZ - 迷你 PIXO 立體 積膠創意晶瑩透明套裝包

發揮你的創意，拼砌晶瑩通透的積膠角色。

K 機動戰士 GUMDAM SEED DESTINY 模型

極具收藏價值的經典模型。　1名

L paper nano- 航天中心

摺疊出紙製的航天中心。　1名

44

大贈送

C 小Gigo科技積木創新科技系列——創客工程齒輪彈力組 1名

一邊學習齒輪運作原理，一邊組裝你的救援直升機。

D 小說名偵探柯南電影版③&④ 1名

由名偵探柯南電影劇場版改編的小說。

G 植物種植恐龍造景燈 1名

播下種子，建構適合恐龍棲息的迷你生態系統。

H 大偵探福爾摩斯 - 小兔子外傳苦海孤雛上&下 1名

揭開小兔子的身世之謎。

N LEGO® DC Super Heroes 76220 Batman™ versus Harley Quinn™

重現蝙蝠俠與小丑女的對決場面。 1名

M Qman角落小夥伴便當系列 1名

拼砌可愛的角落生物便當！

O LEGO 樂高幻影忍者系列 Jay的閃電噴氣機 EVO 71784

成為忍者的一員，駕駛閃電噴氣機去完成任務吧！ 1名

★ 第215期得獎名單 ★

第213期得獎者

45

《兒童的科學》
創作組＝編
Yuthon＝插畫

誰改變了世界？

人類來自非洲？

達特

「據這**北京猿人**頭蓋骨的特徵，似與早年發現的爪哇猿人有關。」男人一面指向牆上的幻燈片，一面**滔滔不絕**地向數十位觀眾道，「另外從山洞遺址的痕跡顯示，估計他們懂得用火⋯⋯」

他說了約十分鐘才停下來，現場隨即響起熱烈的**掌聲**。這時，主持人走到講台。

「謝謝史密斯先生*詳盡而生動的解說。」說着，他向不遠處的另一個男人朗聲道，「接着有請從南非遠道而來的達特先生，為我們介紹其新近的有趣發現——『**湯恩幼兒**』*頭骨化石。」

於是，被點名的達特捧着那小型頭骨走到台上，開始闡述內容。

半小時後。

「⋯⋯湯恩幼兒可說是對**人類演化**非常重要的**失落環節**，它也間接證明**非洲**就是人類的搖籃，如同達爾文*所說那樣。」達特總結道。

然而與剛才不同，室內只響起**零星掌聲**，反應冷淡。達特只好稍微躬身，默默回到自己的座位。

到會議結束後，一些觀眾走近那頭骨化石細看——

「它那麼小的。」

「始終只是**小孩**的頭骨，無法反映**成年體**的狀況。」

「確實與一般大猩猩或黑猩猩有別，可是若說和人類有關⋯⋯」

*格拉夫頓・埃利奧特・史密斯 (Grafton Elliot Smith，1871-1937年)，英國解剖學家與埃及學專家，於澳洲出生成長。
*湯恩幼兒 (Taung Child 或 Taung Baby) 亦稱「湯恩小孩」、「湯恩寶寶」等，也譯作「塔翁小孩」。
*欲知達爾文的故事，請參閱《誰改變了世界？》第3集。

雖然他們的態度溫和有禮，但仍透出一絲對達特觀點**不以為然**的反應。

雷蒙德．亞瑟．達特 (Raymond Arthur Dart) 輕歎一口氣。他原想藉此次會議，向一眾解剖學家與人類學家解說湯恩幼兒的重要性，還有讓他們接受人類發源於非洲的論點，但那恐怕已不可能了。

時值1931年，距離該論點獲普遍承認還須多等近20年。現在先看看達特如何**機緣巧合**得到那塊小孩頭骨化石吧！

醫學的訓練

1893年，達特出生於澳洲昆士蘭東部小鎮圖翁*的**牧場**，在家裏九個小孩中排行第五。由於牧場工作繁重，他自小須在上學前和放學後趕回家去幫忙擠牛奶。

不過偶爾空閒時他也會在附近玩耍，如撿拾動物**骨頭**、尋找奇特的**石頭**，甚至挖開泥土，看看地下有否藏了**金子**，幻想有一天能發點小財。這種尋寶遊戲成了一種契機，令他日後對地質和人類學產生興趣。

另一方面，達特也用功讀書，在校成績優異，15歲時入讀著名的伊普斯威奇寄宿文法學校*，並務實地選修**醫學**。1911年他取得獎學金進入昆士蘭大學，主修地質與動物學，兩年後獲理科學士學位，之後繼續攻讀成為理科碩士，至1917年往悉尼大學修讀醫學。

1918年是第一次世界大戰最後一年，達特趕赴英法等地擔任軍醫。1920年他到英國倫敦大學，跟隨著名解剖學家史密斯 (即開首登場的講者) 研究**神經解剖學**，及後更成為其實驗室指導員。

後來在史密斯與另一解剖學家亞瑟．基思*鼓勵下，達特於1922年前往**南非**約翰內斯堡的金山大學*，執教醫學系解剖學科，並展開**人類學**研究，更有重大發現。

奇特的頭骨化石

達特踏進解剖課室，只見學生們如往常般有說有笑。

---

*圖翁 (Toowong)。　　　*伊普斯威奇寄宿文法學校 (Ipswich Grammar School)，創立於1863年。
*亞瑟．基思 (Arthur Keith，1866-1955年)，英國解剖與人類學家。
*金山大學 (又稱威特沃特斯蘭德大學，University of the Witwatersrand, Johannesburg)，前身是在1896年於北開普省金伯利開辦的舊礦業學校；1904年遷至約翰內斯堡，成為技術學院，至1922年升格成大學。

「各位早晨！」他開朗地說，「暑假過後，很高興再次見到大家，我們準備上課了！」

這時他發現一位學生正以**灼灼**的目光盯着自己，遂問：「薩蒙斯小姐，你有事找我嗎？」

「教授。」薩蒙斯在眾人注視下，有點**怯生生**地說，「我們可否找時間談談？昨夜我找到一些你**深感興趣**的東西。」其眼眸裏透出興奮的光彩。

「好，一會兒下課後我們再談吧。」他說。

兩小時後，二人身處達特的辦公室內。

「到底是甚麼有趣的東西？」達特問。

「昨晚我拜訪一位在**湯恩***石礦場當主管的朋友。」薩蒙斯回憶道，「當時我在壁爐台上看到一個奇特的**化石**，細看之下，似乎是動物的頭骨。我朋友說那是一個礦工找到的。」

「很好，那你認為屬於哪種動物的？」達特說。

她猶豫了好一會兒，才說：「我猜那是某種**靈長類**動物。」

「不如你問對方可否借出頭骨化石，讓我們鑑定一下吧？」他**饒有興致**地道。

「沒問題！」

在薩蒙斯離開辦公室後，達特陷入了沉思。

他想起上一學期結束前，曾給予學生一份特別「暑期功課」——放假期間他們須**收集化石**，再與現存生物骨頭比較，嘗試辨識該化石來自甚麼動物。為增加推動力，他更私人出資**5鎊**，以獎勵找到最有趣化石的人。約瑟芬・薩蒙斯似乎找到獨特的化石，但是否夠資格取得那5鎊，就要看過實物才知曉。

翌日，薩蒙斯再次來到辦公室，將那**頭骨化石**遞向達特道：「我朋友說不介意把它留在這兒檢查，反正礦工常挖到化石的。」

達特接過化石一看，其外型確似某種靈長類動物頭骨。那時他心中有了主意，先請薩蒙斯離開，隨後拜訪同事兼地質學家揚博士*，透

*湯恩 (Taung)，也譯作「塔翁」，位於南非西北省的小鎮。
*揚博士 (Dr. R. B. Young)。

過對方聯絡「北方石灰公司」*礦場經理，託其吩咐礦工在工作時順道**收集化石**。經理一口答應，說若有收穫就寄給達特。只是，那些包裹卻在**意想不到**的日子到來。

1924年10月某日，達特替好友擔當伴郎，並在家裏幫忙主持婚禮。正當他更換禮服時，從窗子瞥見兩個工人搬着兩個**木箱**進屋。

憑着敏銳的直覺，他明白那是自己期待已久的東西。就在他想去碰箱子時，妻子多拉卻已上前攔阻，說：「這兩箱該是你**念茲在茲**的化石吧？但為何它們偏偏在今天送來！」

「聽着，雷蒙。」她不滿地道，「賓客快要到來，你不可就這樣甚麼也不理，埋首於那堆**殘骸**。我明白它們對你很重要，但留待到明天吧！」

達特固然明白妻子的道理，但待她走開後，還是忍不住偷偷打開箱子。第一個箱中只有些尋常化石龜殼及碎片，不過好戲在後頭。當第二個箱子被打開，一個**靈長類腦殼化石**赫然映入眼簾！

他興奮地往下尋找，又發現一個能與那腦殼連接的面頰骨。正當他想深入觀察之際——

「**雷蒙！**」一個男聲遽然響起。

「呀……」達特不禁頸後一縮。

「新娘車快要到了！」新郎**氣急敗壞**地道，「現在你立即穿好禮服，否則我要找別人當伴郎！」

結果，達特只好**不甘不願**地將化石放回木箱，鎖在衣櫃裏。待婚禮結束，他已急不及待地整理那些「寶貝」。此後兩個多月，一有空檔，他便使用幼細的縫衣針，**小心翼翼**地挑走頭骨上多餘的碎石。

到12月23日平安夜前夕，化石上大部分岩礫終於剝離，呈現一張輪廓較分明的臉。按其大小，還有顎下那排乳齒和一隻正在長出的白齒，達特推斷那是來自一個孩童。他珍愛地將化石暱稱為「**湯恩幼**

*北方石灰公司 (Northern Lime Company)。

兒」(Taung Child)。

日後他在自傳回憶道：「在那個1924年的聖誕節，不管其他父母如何看待子女，都不及我對我的『湯恩寶寶』更**引以自豪**。」

達特仔細研究湯恩幼兒的顱腔，估計其**大腦**比例上較其他猿類稍大，卻比現代人小得多。另外，其上下頜骨 (嘴部) 雖如猿類般向前突出，但程度較小，其犬齒也沒那麼大。

不過，**枕骨大孔**位置則與猿類有很大分別。猿類多慣用四足行走，其枕骨大孔通常靠近顱骨底**較後**的位置，頭部因而向前傾。而湯恩幼兒的枕骨大孔則在顱底**中央**，下接脊柱，以便雙足行走時保持頭部平衡；換句話說，頭骨主人生前僅靠雙腳移動。而**雙足直立行走**被視為人類的主要特徵之一。

枕骨大孔位置比較

人類　　　　黑猩猩

枕骨大孔

從下而上觀察頭骨，就會發現兩者的枕骨大孔在位置上有較大差異。

那時達特想起達爾文在《人類的由來》*一書有關人類起源的推論，當中提及黑猩猩和大猩猩等與人類最相近的物種都在非洲棲息，所以三者祖先可能都源於**非洲**。而「湯恩幼兒」兼具人與猿類的某些特徵，那麼它會否就是兩者過渡階段的「**失落環節**」呢？

他為此寫成一篇文章，解說湯恩幼兒的發現過程、化石特徵等，並命名其屬類為「**非洲南猿**」(Anstralopithecus africanus)。此外他推斷該化石物種是人類的祖先，並進一步詮釋非洲為「**人類的搖籃**」。

1925年1月，他**躊躇滿志**地將文章寄予科學期刊《自然》*發表，滿心以為大家會欣賞這項突破性的發現，可惜**事與願違**。其時許多人類學家都不認同達特的想法，因那違反他們對人類演化的認知。

他們認為人類應先演化出較大的腦部，提高智力以克服危險的環境，然後才形成較不穩當的身體直立姿勢。然而湯恩幼兒卻剛好**相**

*《人類的由來》(The Descent of Man, and Selection in Relation to Sex)，於1871年首次出版。
*《自然》(Nature) 創刊於1869年，是世界極具權威的著名科學期刊。

反，擁有直立姿態，但只有相對小的大腦。這與1912年於英國發現的皮爾當人(Piltdown Man) 擁有較大的腦容量的特徵相違背。

此外還有一個沒宣之於口的原因，就是種族偏見。自19世紀初在德國發現尼安德特人*，以及19世紀末於印尼發現爪哇猿人*，大部分白人學者都認為人類應始於歐亞地區，而不是落後的非洲。

故此他們指出湯恩幼兒只是古猿類動物的化石，可能是大猩猩或黑猩猩的近親，但絕非甚麼類猿與人類間的「失落環節」。就連當初舉薦達特到南非工作的史密斯和基思都反對其推論。

當然，達特粗疏的解說方式也是大問題。其文章雖詞藻華麗，卻沒仔細的測量數據，只有數幅手繪圖，令其他學者難以準確判斷。他在發表報告後，才委託公司為化石製作石膏模型賣予各地博物館。

湯恩幼兒的出現引發古人類學與古生物學界的爭議，亦觸動人們興趣。1925年末，其石膏複製品於「大英帝國展覽會」參展。各地報章都報道了達特與其他科學機構對化石的各種看法，很多人都到會場親眼看看湯恩幼兒，也對那究竟是否人類的祖先感到好奇。

1931年2月，達特帶同湯恩幼兒的真品到倫敦。他準備了剖析資料和測量數據，向各專家解說實況。只是如開首所述，大家的反應十分冷淡，也不大相信達特的理論。

結果，他失望地回到南非，卻不代表就此放棄。他將後續工作託付幾個更積極去研究化石的人——其中一位是布魯姆博士*，而自己則暫時專注於金山大學醫學院的發展。

*尼安德特人 (Neanderthals)，學名為*Homo neanderthalensis*，是已滅絕的早期智人種。1829年由比利時史前歷史學家、地質學家與古生物學家的菲利普・查爾斯・施梅林 (Philippe-Charles Schmerling，1791-1836年) 在德國尼安德河谷首次發現。
*爪哇猿人 (Java Man)，學名是*Homo erectus erectus*，屬於約70萬至200萬年前、更新世中期的直立人。1891年由荷蘭古生物學家歐仁・杜布瓦 (Marie Eugène François Thomas Dubois，1858-1940年) 於印尼東爪哇省的梭羅河畔發現。
*羅伯特・布魯姆 (Robert Broom，1866-1951年)，英國-南非醫生與古生物學家。

布魯姆博士可說是達特與湯恩幼兒的熱情支持者，在得悉達特發表化石的文章後，就立即寫信恭賀對方。有一次他甚至突然跑到達特的實驗室，在化石前**雙膝落地**，以表達對人類祖先的傾慕。後來他在《自然》期刊上發表見解，表明支持達特的推論，但也道出問題所在。

事實上，湯恩幼兒是來自**未成年生物**的骸骨，亦即死亡時還沒發育完成，這樣人們難以客觀預測其成年後的完整特徵。為了解決難題，布魯姆認為須找出**成年標本**。

經過一番努力，1947年他與另一古人類學家魯賓遜*在南非斯泰克方丹*洞穴羣中，發現一個成年的猿人頭骨化石，其年代比歐亞大陸發現的更原始。他們將其命名為「**德蘭士瓦邁人**」(*Plesianthropus transvaalensis*，意即「來自德蘭士瓦*的近人類」)，暱稱「普萊斯夫人」(Mrs. Ples，現時確認為男性)，並據其外形歸類為「**非洲南猿**」，與湯恩幼兒屬同一物種。

普萊斯夫人的發現顯示數百萬年前的非洲已有人存在。另外，隨着愈來愈多化石出土，有更多證據顯示人類是先演化出雙足直立行走姿勢，大腦才隨後變大的。此後湯恩幼兒的支持者愈來愈多，人們對達特的推論亦漸趨認同。

另一方面，有些研究人員開始懷疑**皮爾當人**的可信性，着手重新檢查，因而揭穿這個維持了數十年的**騙局**。

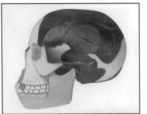

←1953年，大英博物館研究人員重新檢驗皮爾當人頭骨，發現那竟是由一個中古時期的人類顱骨、一隻500年前沙勞越紅毛猩猩的下顎與黑猩猩的牙齒化石組合而成的贋品。

這時達特也重拾人類化石研究，並據湯恩遺址附近的石頭和疑似器具的羚羊角化石骨頭，推斷非洲南猿是懂得使用工具的頂級掠奪性物種，懂得狩獵羚羊等動物，形成「**骨牙角文化**」(Osteodontokeratic Culture，簡稱ODK，在希臘與拉丁文的意思是「骨頭、牙齒、角」)。

*約翰·塔爾博特·魯賓遜 (John Talbot Robinson，1923-2001年)，南非古人類兼古生物學家。
*斯泰克方丹 (Sterkfontein)，位於離南非約翰內斯堡約40公里處。
*德蘭士瓦 (Transvaal)，是南非1910至1994年的省份，後來被分成多個省份。

可是，有些學者認為其推論過於**誇大**，例如布雷恩*以化石形成學*，指出那些像器具的骨頭該是**自然產物**。他發現**鬣狗**等食腐動物咬食屍

←近代研究發現鬣狗具有將獵物骨頭堆積以作為巢穴的習性。左圖為棲息於南非地區的棕鬣狗。

Photo credit:
"Parahyaena brunnea 3" / CC BY-SA 3.0

體後把骨頭帶回巢穴，途中可能令骨散落成達特在遺址所見的模樣。

不過據近年出土的化石證據顯示，早於300多萬年前已有石器製作的痕跡，估計那些南猿懂得用石器從動物屍體上**割肉飽腹**。同時，考古學家也發現一些南猿頭骨上有豹齒刺穿的痕跡，這說明他們仍是大自然較脆弱的物種，會成為肉食猛獸的**獵物**。

達特的觀點雖略嫌誇張誤導，卻已深植於**流行文化**。人們從中獲得靈感，塑造出原始人**兇猛殘暴**的一面，如《非洲創世紀》*一書提及會殘殺同類的人猿，並主張現代人繼承其**嗜血野蠻**的特性。還有著名電影《二〇〇一太空漫遊》*開首，猿人發狂敲碎骨頭的情節概念也是源自達特。

據現代考古與科學鑑證，湯恩幼兒和普萊斯夫人等非洲南猿約於200多萬年前的**南非**生存。此前還有在300多萬年前棲息於**東非**的阿法南猿*，另有更古老的**東非肯亞**圖根原人*及**中非**的乍得沙赫人*。

按此推論，人類祖先似乎曾在非洲生活，並在那裏與黑猩猩等其他猿類動物**分道揚鑣**，走向更高等生物的道路。之後他們逐漸遷徙至世界不同地區，演化出多個**人屬**種類，到現在只剩下仍於地球生存、包括我們所屬的**智人**。

只是，隨着希臘的歐蘭猿*與中國雲南的祿豐古猿*出土，反映人的起源問題仍有不少**爭議**。究竟人類是否源於非洲？還是來自不同地方？科學家正努力探求，希望將來能以更先進的方法，完整梳理出人類演化的脈絡。

* 查爾斯・金伯林・布雷恩 (Charles Kimberlin Brain，1931 年~)，南非古生物學家。
* 化石形成學 (或稱埋藏學，Taphonomy) 是研究生物死後會如何腐爛、形成化石以及被埋藏於岩層的學科。
* 《非洲創世紀》(African Genesis) 由美國作家羅伯特・阿德里 (Robert Ardrey，1908-1980 年) 於 1961 年寫成的記實科學作品。
* 《二〇〇一太空漫遊》(2001: A Space Odyssey)，1968 年由史丹利・寇比力克 (Stanley Kubrick，1928-1999 年) 執導的美國科幻電影。其原型來自英國科幻作家亞瑟・查理斯・克拉克 (Arthur Charles Clarke，1917-2008 年) 於 1951 年出版的短篇小說《哨兵》(The Sentinel)。
* 阿法南猿 (Australopithecus afarensis)，其化石於東非一帶發現。
* 圖根原人 (Orrorin tugenensis) 又名「千年猿」或「千年人」，其化石首次於2000年在非洲肯亞圖根山區發現，推測屬於大約600萬年前的中新世時期，被認為是目前最古老的人族祖先。
* 乍得沙赫人 (Sahelanthropus tchadensis) 首次於2001年在非洲乍得共和國出土，推測約於700萬年前的中新世時期生活。
* 智人 (Humans)，學名是 Homo sapiens，意即「現代有智慧的人類」。
* 歐蘭猿 (Ouranopithecus macedoniensis) 在 1977 年首次發現，約於 900 萬年前的中新世晚期出現。
* 祿豐古猿 (Lufengpithecus lufengensis) 在 1975 年發現，約於 800 萬年前的中新世晚期出現。

大偵探福爾摩斯
謎之小氣簿

今次大件事了！

怎麼了？

我們發現一個驚天大陰謀！

只是在門口撿到一本無名記事本而已。

可是上面有好多可疑數字啊！

把它給我看看。

Jan	
− £12 + £24 − £25	− £13
Feb	
− £30 + £40 − £25	− £15
Mar	
+ £13 − £10 + £25	− £22

數字左面這個符號，不是很奇怪嗎？

你連英鎊的符號（£）也認不出？

不是啦，我是說那些加號和減號！

嚴格來說，那些不是加減號，而是正負號。

「+」和「-」的意義

寫算式時，人們以符號「+」表示相加，「-」表示相減。不過，若在數字前有這兩個符號，就代表該數字的正負。正數用「+」表示，是大於 0 的數字；負數則用「-」表示，是小於 0 的數字。而 0 既不是正數，亦非負數。

例如 -5 唸作「負五」。

少於 0 的數。

大於 0 的數。

例如 +3 唸作「正三」，可理解為 0+3。

| 6 | -5 | -4 | -3 | -2 | -1 | 0 | +1 | +2 | +3 | +4 | +5 | +6 | +7 | +8 | +9 | +10 |

你說這是減號也不是全錯，因為 -5 可理解成 0-5。

只是不會這樣表達。

正號通常不寫，但負號則不能省略！

正負數的用途

如果數字只用來記數，區分正負數並無意義。例如蘋果的數目只會是正數，不可能出現「-5 個蘋果」。

不過，隨社會發展，用數字作記錄的東西愈來愈多，也更複雜和抽象，於是出現需要用正負數的地方。

▲ 比冰點低的溫度以負數顯示，比冰點高的則為正數。

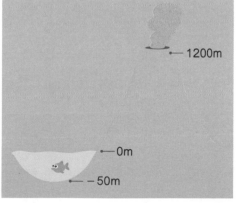

▲ 地圖上，比水平面低的地方，其高度以負數表示；比水平面高的地方高度則是正數。

買文具	- $39
零用錢	+$150
借給小明 吃飯	- $40

▲ 記帳時可將支出記作負數，收入寫為正數。

記事本寫了許多有正負號的銀碼，該是支出及收入記錄，可能是本帳簿。

左頁列出了每項的收入和支出，那右頁該是……

正負數加法

右頁就是該月的總收支。

不過這裏有一處計錯，這人真是粗心大意。

哪裏算錯？

愛麗絲，你在學校該學過正負數計算吧？把錯處找出來吧。

這很簡單～
先驗算1月的總收支。

	每月的收入及支出細項	把該月所有細項加起來的總數
Jan	−£12 + £24 − £25	−£13
Feb	−£30 + £40 − £25	−£15
Mar	+£13 − £10 + £25	−£22

一月的收支總和：

1 列式。為求清晰，先刪去英鎊符號，再將每個細項都用括號括住。

$$(-12) \quad + \quad (+24) \quad + \quad (-25)$$

2 將括號刪掉，並決定每個數之間應該相加還是相減。決定方法可遵從「正正得正，負負得正，正負得負」的口訣。

第一個數前面甚麼也沒有，可直接刪掉括號，將負號當作減號。

正正得正，所以得出加號。

正負得負，所以得出減號。

$$= \quad - \quad 12 \quad + \quad 24 \quad - \quad 25$$

3 將 −12 及 +24 調位，並先計出 24 − 12 的答案。

$$= \quad 24 \quad - \quad 12 \quad - \quad 25$$

最前方的加號通常不寫。

4 得出 12 − 25。可是 12 比 25 少，表示答案是負數。這時可將兩個數字互調並括起來，再於前面加上負號。

$$= \quad 12 \quad - \quad 25$$

$$= \quad - \quad (\quad 25 \quad - \quad 12 \quad)$$

5 計算 25 − 12，得出的數值前加上負號，就是最終答案！

$$= \quad - \quad 13$$

一月的總收支是 −13 鎊，意思是這人不但沒儲到錢，反而多花了 13 鎊。

難題1：一月的總收支沒算錯，那到底二月還是三月的總收支出錯呢？答案在右頁！

難題 2：
到底福爾摩斯先生所言是否屬實？答案就在右方！

難題答案：

1：
三月份的總數算錯了，應為：
+13−10+25
=3+25
=28
華生誤將算式看成
3−25，才算出 −22。

2：糾正華生的錯誤後，可知福爾摩斯在 1 月欠華生 13 鎊，2 月欠華生 15 鎊，3 月還給華生 28 鎊。要計算福爾摩斯拖欠華生多少錢，可計算如下：
(−13)+(−15)+(+28)
=−13−15+28
=28−15−13
=0
欠 0 鎊即是沒拖欠，所以福爾摩斯所言屬實，他已還清欠款。

天文

掩星(上)—— 星星不見了

梁淦章工程師
香港天文學會
太空歷奇

日常觀看景物時，會發現近的物體會遮擋了遠處的物體。同一原理，在觀星時，當一個視直徑較大、較近我們的天體在軌道運行期間遮蔽了另一個視直徑較小、離我們較遠的天體時，就稱為「掩星」。

例如較近我們的月球移動時，就會遮住它背後較遠的星星。

視直徑是甚麼？

那是指觀測物體時，來自物件兩端的入射光線中間的夾角。一般來說，觀察者與被觀察的物體距離愈近，視直徑愈大，反之亦然。在天文學上，很難直接量度到天體的實際直徑，夾角就容易得多，所以視直徑常被用來描述天體的大小。

我們望着一個籃球時，這夾角就是籃球的視直徑。

月掩星

以月球為例，月球的視直徑很大，達0.5度（相較之下，金星的視直徑最大約0.02度，背景恆星的視直徑普遍都在0.000017度以下）。

約1小時後，月球移動了約0.5度。

月球

天體的視直徑不等同其實際直徑。例如一顆遙遠的恆星比月球巨大得多，但其視直徑遠較月球的小，所以仍會被月球遮蔽。

月球每天由西向東移動13度（即每小時移動約1個月球的視直徑），沿途會不斷掩蔽背景的星星。這些星星一般都很暗，我們用肉眼不易察覺。

※注意此圖不按比例。

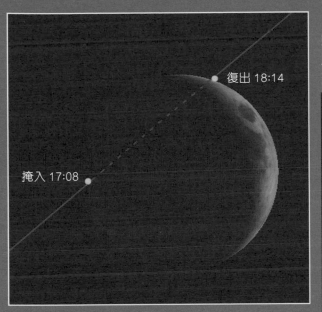

復出 18:14

掩入 17:08

如果被掩蔽的星星較亮，用肉眼或雙筒望遠鏡也可看見，那就十分有趣。月球因沒有大氣層，星星被掩時會瞬間消失，重現時會突然出現（看左圖）。

月 掩 金 星
（2023 年 3 月 24 日）

這天文現象平均每年會出現 2 次。因金星是內行星，出現在太陽附近（即只在日出前或日落後不久才肉眼可見），故月掩金星多在日間出現，較難觀測。

幸而今年 3 月 24 日的月掩金星在日落後出現，而且剛好是新月，有利觀測。當晚雖天氣不佳，仍有香港天文同好拍到精彩的掩食一刻。

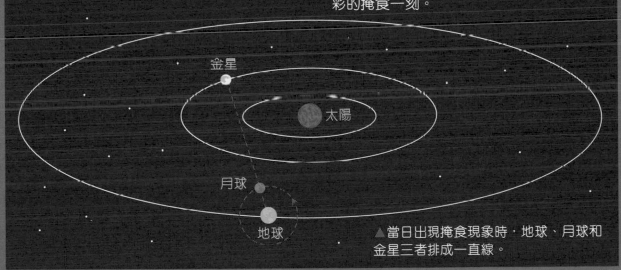

金星

太陽

月球

地球

▲當日出現掩食現象時，地球、月球和金星三者排成一直線。

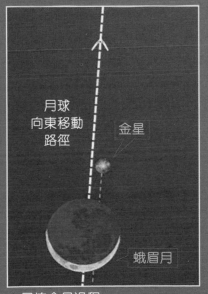

月球
向東移動
路徑

金星

蛾眉月

▲ 月掩金星過程

香港天文同好
G. T. Fish 攝

▲ 在雲霧中用手機拍攝月掩金星

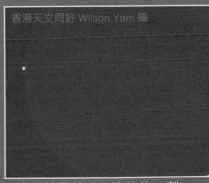

香港天文同好 Wilson Yam 攝

▲ 金星被月球暗面掩蓋的一刻。

掩星現象還促成了不少歷史性的天文學發現，下期將會詳細介紹！

香港中文大學
生物及化學系客席教授
曹宏威博士

曹博士信箱 Dr. Tso

為甚麼玻璃是透明的?

Q1

葉彥均

物質的化學成分及結構決定了該物質的光透性。一般而言，鑑別光透性是以「可見光」為準，因為我們眼睛只能看到可見光！不可見的紫外光是透不過玻璃的。

日常生活中的物質中，以玻璃的光透性最強（透明塑膠易老化變黃，降低光透性），令人清楚看到玻璃另一面的事物。而且它的化學穩定度高，原子間的連結堅固，故此不少現代建築物均使用玻璃幕牆來節省能源。

一般玻璃以矽砂（即是沙灘上的沙）為主要原料製成，它是介乎固體和液體的物質形態。視乎需要，人們在製造玻璃時，會滲入微量雜質（含其他元素）去改變其色澤。例如我們在眼鏡店看到的鏡片有淡淡的紅色、黃色和藍色等，滿足大家的喜好。

◀有些彩色玻璃加入雜質後雖然能透光，卻不完全透明。

為甚麼能量飲品能補充身體能量?

Q2

馬在宥

你說的能量飲品應該是指一些含有人工添加的咖啡因成分，並以提神醒腦作為廣告招徠的飲品吧？這些飲品常見的成分可能含有葡萄糖，還有牛磺酸、維他命 B 等。

葡萄糖是單醣，毋須消化就可直接被身體吸收，並運送至全身各處的細胞，經呼吸作用產生能量。相較之下，蔗糖（砂糖的主要成分）是雙醣，我們吃的米飯則是多醣，兩者都要先經過多重的消化過程，才能變成細胞可用的葡萄糖。所以眾多食物中，最快捷補充能量的「燃料」自然離不開葡萄糖。

一般能量飲品的飲客都追求「快充電」的感受！因此，這類飲品在「補充燃料」之外，往往還添加一些刺激神經系統的飲用補充劑如咖啡因等，使飲者快速感到提神的效果。

那麼，兒童可以喝能量飲料嗎？雖然一罐能量飲品的咖啡因含量與一杯咖啡相若，看似問題不大，但飲慣了便會上癮，而且過量吸收糖分會帶來肥胖、高血壓等問題。在科學界未能排除兒童過早飲用的潛在風險前，社會人士多建議 12 歲以下兒童儘量避免喝含咖啡因的飲料。

葡萄糖　　　　果糖
單醣例子有果糖和葡萄糖。

蔗糖
2 個單醣分子連結成 1 個雙醣分子，例如蔗糖由一個果糖及一個葡萄糖分子組成。

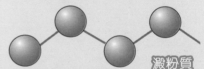

澱粉質
大量單醣分子連起來便組成多醣，例如澱粉質就是大量葡萄糖分子連結而成。

為鼓勵讀者多思考多發問，編輯部將向被選中刊登問題的讀者寄出紀念品一份！

科學Q&A

第一百四十五話
超級颱風

漫畫◎李少棠
上色協力◎周嘉詠
劇本◎《兒童的科學》創作組

你明白怎樣做吧？

當然沒問題！

只要有以下因素就能形成風暴！

低氣壓中心　冷空氣

熱能

熱帶海洋的海水受陽光加熱，形成水蒸氣往上升，使該位置的氣壓下降。

然後四周的冷空氣會流向低氣壓地區以填補其空間，形成對流系統。

另外，空氣因地球自轉而以螺絲狀旋轉移動，變成熱帶氣旋，又稱颱風。

風眼

下降氣流

上升氣流

開始吧！

十號風球是香港最高級別的熱帶氣旋警告信號。

其持續風力達每小時118公里或以上。

香港每年受多個颱風吹襲。

自1884年，天文台於尖沙咀總部懸掛立體信號，通知船隻風暴吹襲方向。

在1917年，香港政府以數字一至七表示不同等級和方向的颱風。

至1931年就改成由一至十號風球組成的信號系統。

1	T	戒備
2	─	西南強風及有狂風
3	⊥	東南強風及有狂風
4	◆	颱風構成威脅，但對本地暫時無影響
5	▲	西北烈風
6	▼	西南烈風
7	▮	東北烈風
8	●	東南烈風
9	✕	烈風風力增強
10	✚	颶風

咦，有二號、四號至七號的？

二至四號已於1935年廢除。

後來又因一號與五號差距太大而加回三號。

T	1
⊥	3
▲	8
▲	8
▼	8
▼	8
✕	9
✚	10

五至八號本來表示從4個不同方向吹襲的颱風，但因容易被誤會是代表不同等級的風力，因此修改成現在的4個八號風球。

至於九號和十號則一直沿用至今。

2018年出現的颱風山竹是香港最近懸掛的十號風球，令多達458人受傷！

那麼這次豈不更嚴重?

要立刻做好防風措施!

我也幫忙!

把易被風吹倒的物件如盆栽等綁緊或搬入室內。

在玻璃窗貼上膠紙條,防止其破裂時,碎片散落四周。

鎖緊門窗,以免被風吹開。

若住在低窪地區,應準備沙包等置於門口,防範水浸。

這些防風措施很好,但這次恐怕不夠。

甚麼?

颱風這麼大，會否把香港夷為平地？

要怎樣消滅它啊？

先進入風眼。

這麼大風，怎樣進去啊？

只要順着風的方向前進就可以了！

風的方向？

地球以逆時針方向自轉，所有看似垂直移動的東西，其實都有一點難以察覺的橫向移動，包括形成颱風的空氣對流。

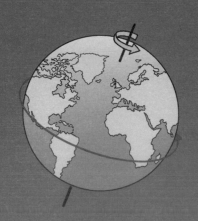

因此冷空氣往中心流動的方向並非直線，而是中途轉彎，以逆時針方向旋轉。

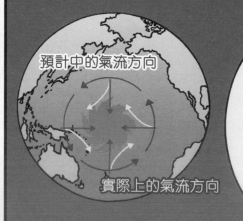

預計中的氣流方向

實際上的氣流方向

由於轉動方向在南半球相反，故在那裏形成的熱帶氣旋都是順時針旋轉的。

對了，你之前説的登陸位置是否也跟方向有關？

沒錯！

據電腦預測，這颱風將掠過香港西邊，十分危險！

為何在西邊會危險？

因會出現風暴潮！

風暴潮？

香港

從香港西邊登陸的颱風，會比東邊登陸的更危險，因較常產生風暴潮現象。

因氣旋逆時針旋轉，當颱風來到香港西邊，便會把大量海水吹往陸地，形成巨大的風浪。

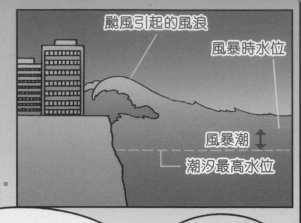

風浪衝擊沿岸地區，不但令建築物損毀，還造成人命傷亡。

而且風暴會令沿岸水位突然上升，使低窪地區嚴重水浸。

颱風引起的風浪

風暴時水位

風暴潮

潮汐最高水位

當年颱風山竹產生巨大破壞力，主要因在西邊登陸而引起的。

今次風暴若成功吹襲，後果不堪設想！

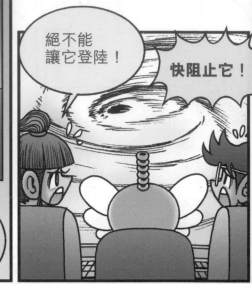

絕不能讓它登陸！

快阻止它！

咦呀

咦呀

這裏是雷暴區，穿過去便到了！

轟隆！

哇呀——

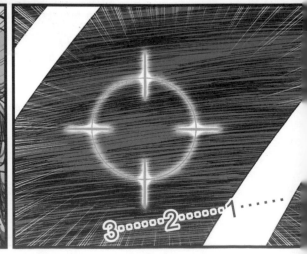

3oooooo2ooooo1······

到達風眼了！

差點以為死定了……

風眼竟……這麼平靜……

這裏在整個颱風區相較平靜。

當風暴中心的熱空氣往上升，總會夾雜雷暴和降雨，形成一個環狀的雷暴區「眼壁」。

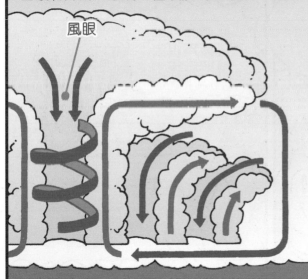

風眼

只是這股熱空氣升到上層時，卻形成一股反氣旋，抵銷掉中心的強力氣流，於是形成既沒降雨又沒風的風眼。

不過風眼仍有很多謎團留待科學家發掘呢。

小Q！那是甚麼？

是機械？

兒童的科學 NO.217

請貼上
HK$2.2郵票
（只供香港讀者使用）

香港柴灣祥利街9號
祥利工業大廈2樓A室
兒童的科學 編輯部收

有科學疑問或有意見、
想參加開心禮物屋，
請填妥問卷，寄給我們！

大家可用
電子問卷方式遞交

▼請沿虛線向內摺

請在空格內「✔」出你的選擇。

我購買的版本為：01□實踐教材版 02□普通版

*給編輯部的話

*開心禮物屋： 我選擇的禮物編號 [　　　]

*我的科學疑難/我的天文問題：

*本刊有機會刊登上述內容以及填寫者的姓名。

有關今期內容

Q1：今期主題：「氣象原理大探究」
03□非常喜歡　　04□喜歡　　05□一般　　06□不喜歡　　07□非常不喜歡

Q2：今期教材：「天氣模擬套裝」
08□非常喜歡　　09□喜歡　　10□一般　　11□不喜歡　　12□非常不喜歡

Q3：你覺得今期「天氣模擬套裝」容易使用嗎？
13□很容易　　14□容易　　15□一般　　16□困難
17□很困難（困難之處：＿＿＿＿＿＿＿＿）　　18□沒有教材

Q4：你有做今期的勞作和實驗嗎？
19□重力投石機　　20□實驗1：會爬繩的鹽　　21□實驗2：密度塔

請沿實線剪下

請沿實線剪下

問　卷

讀者檔案

#必須提供

#姓名： 男/女 年齡： 班級：

就讀學校：

#居住地址：

#聯絡電話：

你是否同意，本公司將你上述個人資料，只限用作傳送《兒童的科學》及本公司其他書刊資料給你？（請刪去不適用者）
同意/不同意 簽署：＿＿＿＿＿＿＿＿＿＿＿＿ 日期：＿＿＿＿＿年＿＿＿月＿＿＿日
（有關詳情請查看封底裏之「收集個人資料聲明」）

讀者意見

A 科學實踐專輯：頓牛的尋水之旅
B 海豚哥哥自然教室：綠頭鴨
C 科學DIY：重力投石機
D 科學實驗室：實驗課危機
E 讀者天地
F 大偵探福爾摩斯科學鬥智短篇：1英鎊謀殺案 (1)
G 爬蟲地帶：蛇類探索
H 活動資訊站
I 誰改變了世界：人類來自非洲？ 達特
J 數學偵緝室：謎之小氣簿
K 天文教室：掩星 (上)——星星不見了
L 曹博士信箱：為甚麼玻璃是透明的？
M 科學Q&A：超級颱風

＊請以英文代號回答Q5至Q7

Q5. 你最喜愛的專欄：
第 1 位 22＿＿＿ 第 2 位 23＿＿＿ 第 3 位 24＿＿＿

Q6. 你最不感興趣的專欄：25＿＿＿ 原因：26＿＿＿

Q7. 你最看不明白的專欄：27＿＿＿ 不明白之處：28＿＿＿

Q8. 你從何處購買今期《兒童的科學》？
29□訂閱 30□書店 31□報攤 32□便利店 33□網上書店
34□其他：＿＿＿＿

Q9. 你有瀏覽過我們網上書店的網頁www.rightman.net嗎？
35□有 36□沒有

Q10. 你最近逛過哪些實體書店或網上書店？(可選多於一項)
37□商務印書館 38□中華書局 39□三聯書局 40□誠品書店
41□田園書屋 42□榆林書店 43□樂文書店 44□一本My Book One
45□正文社網上書店 46□HKTVmall 47□金石堂 48□博客來
49□Amazon 50□其他，請註明：＿＿＿＿